# 前　言

　　我国草莓种植面积和产量均居世界首位，近年来发展更为迅速。随着草莓产业的飞快发展，草莓病虫害也逐渐增多，有的草莓产区因病虫害遭受巨大损失。为了普及草莓病虫害的防治方法，促进草莓产业健康稳定发展，我们在多年开展草莓研究和病虫害防治的基础上，广泛收集和总结国内外科研和生产经验，将多年工作中积累的图片资料汇编成图册。本书以原色图为主，辅以文字，介绍为害草莓的病症和虫态，以便读者对照进行田间诊断。读者可根据实际情况，选择针对性的措施，进行有效防治。

　　本书引用了一些同行专家的图片，在此对有关专家表示感谢。由于专业水平、实践经验和试验条件所限，书中缺点和错误在所难免，恳请读者批评指正。

编者

# 目 录

前 言

## ① 草莓黏菌病

**危害与诊断：** 黏菌爬到活体草莓上生长并形成子实体，使病部表面初期布满胶黏状浅黄色液体，后期长出许多浅黄色圆柱形孢子囊，圆柱体周围为蓝黑色且有白色短柄，排列整齐地覆盖在叶片、叶柄和茎上。受害部位不能正常生长，或有其他病杂菌生长而造成腐烂，此时若遇干燥天气则病部产生

黏菌病为害叶片症状

灰白色粉末状硬壳质结构，进而影响草莓的光和作用和呼吸作用，受害叶不能正常伸展、生长和发育。黏菌在草莓上一直黏附到草莓生长结束，严重时植株枯死，果实腐烂，造成大幅度减产。

**防治方法：**

1）选择地势高燥、平坦地块及沙性土壤栽植草莓。

2）雨后及时排水，灌溉要防止大水漫灌，防止积水和湿气滞留。

3）精耕细作，及时清除田间杂草和残体败叶；栽植不可过密，防止植株郁闭。

4）药剂防治　及时喷洒石灰半量式波尔多液 200 倍液，或 45% 噻菌灵悬浮剂 3000 倍液，或 50% 多菌灵 600 倍液进行防治。采收前 7 天停止用药。

## ❷ 白粉病

**危害与诊断：**白粉病主要为害草莓的叶、叶柄、花、花梗和果实。叶片发病初期，正面和背面产生白色近圆形星状小粉斑，随着病情的加重，病斑逐渐扩大且向四周扩展成边缘不明显的白色粉状物；发病后期严重时，多个病斑连接成片，整片叶子上布满白粉，叶缘也向上卷曲变形，最后，叶片呈汤匙状。

叶片发病初期正面零星的白粉斑

叶片发病初期背面零星的白粉斑

花蕾、花、花托染病，花蕾不能开放，花瓣为粉红色或浅粉红色，花托不能发育。幼果染病，病部发红，不能正常膨大，发育停止，干枯；果实后期发病，表面明显覆盖一层白粉，严重影响草莓的质量，失去商品价值。

**防治方法：**白粉病的防治重点在于预防，发病严重后防治效果较差。

1）农业防治。选用抗病品种；栽前植后要清洁园地；生长期间及时摘除病残老叶和病果，并集中销毁；多施有机肥，合理施用氮、磷、钾肥，避免徒长；

叶片上布满白色粉状物

叶片发病后期呈汤匙状

合理密植，保持良好的通风透光条件；加强肥水管理，培育健壮植株；大棚及温室内要适时放风，控制棚内湿度，晴天注意通风换气，阴天适当开棚降湿。

2）药剂防治。以花前预防为主。可采用硫黄熏蒸的方法预防保护地白粉病的发生，一般在 10 月下旬就要进行预防，每 100m² 安装 1 台硫黄熏蒸器，熏蒸器内放入 99.5% 硫黄粉 15~20g，每天熏蒸 2h，每周 2 次，连续 2 周即可，

花瓣染病变成粉红色

花托染病状态

能起到较好的预防效果；在白粉病发病期每天熏蒸 8h，连用 7~10 次。在发病初期，也可选用 50% 翠贝干悬浮剂 5000 倍液、42.8% 露娜森 2000 倍液、40% 福星乳油 8000 倍液进行喷雾防治，在发病中心及周围重点喷施，7~10 天喷 1 次，连续防治 3 次。

未成熟果实染病状态

果实严重染病的症状

## ❸ 灰霉病

**危害与诊断**：灰霉病主要为害草莓的叶、花、果柄、花蕾及果实。叶片染病后在叶缘处腐烂，田间湿度大时，病部产生灰色霉层，发生严重时病叶枯死。花器染病后，初在花萼上产生水渍状小点，后扩展为椭圆形或不规则形病斑，并侵入子房及幼果，呈湿腐状，湿度大时病部产生厚密的灰色霉层。未成熟的果实染病后，起初产生浅褐色干枯病斑，后期病果常呈干腐状；已转乳白色或

叶缘处腐烂并产生灰色霉层

花蕾萼片受害症状

已着色的果实染病，常从果基近萼片处开始发病，发病初期在受害部位产生油渍状灰褐色坏死，随后扩大到整个果实，果实变软、腐败，表面密生灰色霉状物，湿度大时长出白色絮状菌丝，为病原菌的分生孢子梗和分生孢子。

**防治方法：** 灰霉病的防治重点在于预防，发病严重后防治效果较差。

1）农业防治。选用抗病品种；避免过多施用氮肥，防止茎叶过于茂盛，合理密植，增强通风透光，及时清除病老枯叶和病果，带出园外销毁或深埋；选

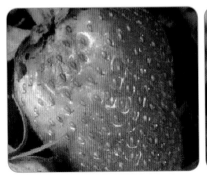

产生油渍状坏死，变软、腐败　　　　　　灰霉病引起的坏死通常从花萼下部开始

择地势高燥、通风良好的地块种植草莓，并实行轮作，保护地栽培要深沟高畦，覆盖地膜，膜下灌溉，并及时通风，以降低棚室内的空气湿度，减少病害；采收期间及时采摘成熟的果实并扔掉所有腐烂、损伤的果实。

2）药剂防治。用药最佳时期在草莓开花前。保护地栽培在花前用10%腐霉利烟剂或45%百菌清烟剂烟熏预防，每亩（1亩≈667m²）用药300~400g，于傍晚用暗火点燃后立即密闭烟熏一夜，次日打开通风，7~10天

果实表面着生灰色霉状物

熏 1 次，连熏 2~3 次。烟熏效果优于喷雾，因其不增加湿度，防治较为全面彻底。也选用 50 % 克菌丹可湿性粉剂 400~600 倍液、50% 烟酰胺干悬浮剂 1200 倍液、75% 代森锰锌干悬浮剂 600 倍液、50% 腐霉利可湿性粉剂 800 倍液、10% 多氧霉素可湿性粉剂 1000~2000 倍液等喷雾防治，每 7~10 天喷药 1 次，连续防治 3 次。注意各种药交替使用，以免产生抗药性。

病原菌的分生孢子和分生孢子梗

## ❹ 疫霉果腐病（草莓革腐病）

**危害与诊断：** 疫霉果腐病主要发生在草莓的果实、花、根部和匍匐茎上。根部首先发病，由外向里变黑，呈革腐状。发病早期，地上症状不明显；发病中期，植株生长较差。在开花结果期，如果空气和土壤干旱，则植株地上部分失水萎蔫，果小、无光泽、味淡，严重时植株死亡。青果染病后出现浅褐色水烫状斑，并迅速蔓延全果，果实变为黑褐色，后干腐硬化，呈皮革状，略有弹性，因此又称草莓革腐病。成熟果发病时，病部稍褪色失去光泽，白腐软化，发出臭味，湿度大时果面长出白色菌丝。繁育小苗期间也能发病，主要症状是匍匐茎发干萎蔫，最后干死。

**防治方法：**

1）农业防治。实行洁净栽培。选用无病苗栽在无病田里一般不会发病，所以，建立无病繁苗基地，实行统一供苗；高畦栽培，防止积水；合理施肥，忌偏施和重施氮肥。

青果染病光出现浅褐色水烫状斑

2）药剂防治。发病初期可用 64% 杀毒矾、黄腐酸盐等进行灌根，或用 72.2% 普力克 600 倍液，或 72% 克露 600 倍液，或 58% 甲霜灵·锰锌可湿性粉剂 500 倍液，或 35% 瑞毒霉可湿性粉剂 1000 倍液，或 90% 乙磷铝（疫霜灵）500 倍液，或 40% 克菌丹可湿性粉剂 500 倍液，或 72% 霜脲·锰锌（克抗灵）可湿性粉剂 800 倍液，喷雾防治，7~10 天喷 1 次，连喷 3~4 次。

青果染病后果实为黑褐色且干腐硬化

成熟果发病后果实白腐软化

## ⑤ 黑霉病

**危害与诊断**：黑霉病主要为害草莓果实，被害果实初为浅褐色水渍状病斑，继而迅速软化腐烂流汤，切开果实后看到染病部位果肉变黑，失去商品价值，发病部位最终蔓延全果。果实上生有颗粒状黑霉，被侵染后只要出现1个病斑，果实会很快腐烂，继而波及相邻果实。

染病果实软化腐烂流汤

**防治方法：**

1）农业防治。避免草莓连作，确需连作时，需对草莓地进行土壤消毒，于定植前利用太阳能＋石灰氮（50 kg/亩）＋秸秆（750 kg/亩）高温闷棚进行土壤消毒，消毒揭膜后晾 3~5 天后再栽植；加强肥水管理，培育健壮秧苗，及时摘除老叶和病果。

2）药剂防治。采收前喷布 50% 多菌灵可湿性粉剂 600 倍液，或 70% 代森锰锌可湿性粉剂 500 倍液，或 50% 苯菌灵可湿性粉剂 1500 倍液，或 2% 农抗 120 或 2% 武夷霉素（阿司米星）水剂 200 倍液，或 27% 高脂膜乳剂 80~100 倍液，重点喷洒果实。另外，采前喷 0.1% 高锰酸钾溶液也有一定的防治效果。

果面上生有颗粒状黑霉

## ⑥ 炭疽病

**危害与诊断**：炭疽病主要为害草莓的匍匐茎、叶柄、叶片和果实。叶片染病后的病斑呈圆形和不规则形，直径为 0.5~1.5mm，偶尔有 3mm 大小的病斑，病斑通常为黑色，有时为浅灰色。叶柄和匍匐茎发病初期出现稍凹陷、较小、中央为棕褐色、边缘为紫红色的纺锤形病斑，后蔓延至全部叶柄及整条匍匐茎。根茎部染病，最初症状是病株最新的 2~3 个叶片在一天最热的时候出现萎蔫，

叶柄感病后出现的纺锤形病斑

匍匐茎感病后出现的纺锤形病斑

然后傍晚恢复过来。在环境条件有利于侵染时，引起整株萎蔫和死亡。将枯死或萎蔫植株的根茎部切开，可观察到从外向内变褐，而维管束则不变色。果实发病后的病斑呈圆形，浅褐色至暗褐色，软腐状并凹陷，果实表面有黄色的黏状物，即分生孢子，被侵染的果实最终干成僵果。

染病后引起植株萎蔫

整株植株萎蔫死亡

**防治方法:**

1) 农业防治。选择抗病的品种,各地应根据实际情况选用优质、高产、抗病品种;育苗地避免重茬,重茬地要进行土壤消毒;栽植密度适宜,不宜过密;合理施肥,氮肥不宜过量,施足有机肥和磷钾肥,扶壮株势,提高植株的抗病力;对易感病的品种要采用避雨育苗,高温季节遮盖遮阳网;及时摘除病枯老叶、病茎及带病残株,并集中烧毁,减少病菌传播。

严重时植株成片死亡

根茎部受害症状(纵切)

2）药剂防治。炭疽病的药剂预防要从苗期做起。可以喷施 25% 阿米西达悬浮剂 1500 倍液，或 80% 代森锰锌可湿性粉剂 700 倍液，或 50% 咪鲜胺锰盐 750 倍液，交替使用，每隔 5~7 天喷施 1 次，连喷 3 次即可。喷施时要注意整棵植株都得喷到，必要时将药随浇水灌入根茎部位。草莓定植大田后再用药 1 次。

根茎部受害症状（横切）

果实受害症状

# ⑦ 红中柱根腐病

**危害与诊断：** 该病可以分为急性萎蔫型和慢性萎缩型两种类型。急性萎蔫型多在春夏两季发生，从定植后到早春植株生长期间，植株外观上没有异常表现，只是在草莓生长中后期，植株突然发病萎蔫，不久呈青枯状，引起全株枯死。

慢性萎缩型症状

植株青枯状死亡

慢性萎缩型定植后至冬初均可发生，呈矮化萎缩状，下部老叶叶缘变为紫红色或紫褐色，逐渐向上扩展，全株萎蔫或枯死。根部在发病初期经检视，可见根系开始都由幼根先端或中部变成褐色或黑褐色而腐烂，将根茎纵向切开，可见腐烂的根尖以上变红，最终变色可延伸到根茎，将根茎横切，发现根茎中部变成红褐色，严重时将根茎部横切和纵切，病根木质部及根部坏死褐变，整条根干枯，地上部叶片变黄或萎蔫，最后全株枯死。

**防治方法：**

1）农业防治。实行轮作倒茬，减少土壤中病菌的传播；选无病地育苗，

根尖先端或中部变褐

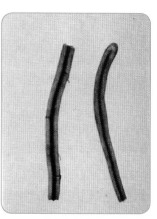

根受害症状（纵切）

选择抗病品种；施用充分腐熟的有机肥，注意磷钾肥的使用；采用高畦或起垄栽培，尽可能覆盖地膜，提高地温，减少病害；雨后及时排水，采用微喷滴灌设施；中耕尽量避免伤根。

2）药剂防治。定植前用 2.5% 适乐时悬浮剂 600 倍液浸根处理 3~5min，

根茎初侵染受害症状　　　　　　　　根茎后期受害症状（横切）

晾干后可定植；定植后发现病株及时拔除，并用 50% 甲霜灵可湿性粉剂 1000~1500 倍液，或 70% 代森锰锌 500 倍液喷雾防治，交替使用，每隔 7~10 天喷施 1 次，连喷 3~4 次，可有效防治草莓红中柱根腐病的发生。或用 64% 杀毒矾可湿性粉剂 500 倍液，或 72% 霜脲·锰锌可湿性粉剂 800 倍液，或 72.2% 普力克水剂 400~500 倍液，或 98% 噁霉灵可湿性粉剂 2000 倍液灌根，消毒病株附近的土壤，可以起到一定的防治效果。

根茎后期受害症状（纵切）

全株枯死症状

# 8 草莓终极腐霉烂果病

**危害与诊断：** 该病主要侵害近地面的草莓根和果实。根部染病后变黑腐烂，轻则地上部萎蔫，重则全株枯死。贴地果和近地面的果实容易发病。发病初期病部呈水渍状，熟果病部略呈褐色，后常呈现微紫色，病果软腐略有弹性，果面长满浓密的白色棉状菌丝。叶柄、果梗也可受害变黑干枯。

**防治方法：**

1）农业防治。选择避风、向阳、高燥的地块种植草莓；苗床或定植前对地块进行太阳能土壤消毒；高畦作床，低洼积水地注意排水，忌漫灌；合理施肥，不偏施、重施氮肥；采用地膜栽培或用其他材料垫果。

2）药剂防治。发病初期用 25% 甲霜灵可湿性粉剂

根部染病变黑腐烂

1000~1500 倍液，或 70% 代森锰锌或 40% 克菌丹 500 倍液，或 72% 克抗灵可湿性粉剂 800 倍液，或 35% 瑞毒霉或 69% 安克锰锌可湿性粉剂 1000 倍液，或 15% 噁霉灵水剂 400 倍液，7~10 天喷药 1 次，连喷 2~3 次，采收前 1 周停药。也可用 70% 乙膦·锰锌可湿性粉剂 500 倍液，或 50% 立枯净可湿性粉剂 900 倍液灌根，每株灌兑好的药液 200 mL。

果面长满白色棉状菌丝

## ❾ 芽枯病

**危害与诊断：**芽枯病主要为害草莓的花蕾、幼芽、托叶和新叶，成熟叶片、果梗等也可感病。感病后的花序、幼芽青枯并逐渐枯萎，呈灰褐色，托叶和叶柄基部感病后产生黑褐色病变，叶正面颜色深于叶背，脆且易碎，最终整个植株呈猝倒状或变褐枯死。茎基部和根受害皮层腐烂，地上部干枯且容易拔起。从幼果、青果到熟果都可受到病菌侵害，被害果病部表现出暗褐色不规则形斑块、僵硬，最终全果干腐，故又称草莓干腐病。

花序、幼芽青枯枯萎

托叶和叶柄基部干缩

**防治方法：**

1）农业防治。草莓应与禾本科作物实行 4 年以上的轮作；避免使用病株作为母株，定植切忌过深，应合理密植；发现病株应及时拔除，集中进行烧毁或深埋；增施有机肥、发酵肥；定植后浇 1 次小水，防止水淹；保护地栽培要适时适量放风，合理灌溉，浇水宜安排在上午，浇水后迅速放风降湿。

2）药剂防治。草莓显蕾时喷淋 10% 立枯灵悬浮剂 300 倍液，或 10% 多抗霉素可湿性粉剂 500~1000 倍液，或 2.5% 适乐时悬浮剂 1500 倍液，或 98% 噁霉灵可湿性粉剂 1500 倍液，淋喷或淋灌植株，7 天左右喷 1 次，共喷 2~3 次。棚室中防治，可以采用百菌清烟剂熏蒸的方法，每亩用药 110~180g，分放 5~6 处，傍晚点燃后密闭棚室，过夜熏蒸，7 天熏 1 次，连熏 2~3 次。

植株呈猝倒状

茎基部和根受害皮层腐烂

## ⑩ 褐色轮斑病

**危害与诊断：** 褐色轮斑病主要为害草莓的叶片、果梗、叶柄、匍匐茎，也可为害果实。受害叶片最初出现红褐色小点，逐渐扩大呈圆形或近椭圆形斑块，中央为褐色圆斑，圆斑外为紫褐色，最外缘为紫红色，病健交界明显；后期病斑上形成褐色小点（病菌的分生孢子器），多为不规则轮状排列，几个病斑融合在一起时，可导致叶组织大片枯死，病斑干燥时易破碎。叶柄、果梗和匍匐茎发病后，产生黑褐色稍凹陷的病斑，病部组织变脆而易折断。浆果受害多在成熟期，病部为褐色且软腐，略凹陷。

**防治方法：**

1）农业防治。选用抗病品种；加强栽培管理，地膜覆盖栽培可有效减少初侵染；定植前清除病残体及病叶，集中烧毁；适量浇水，雨后及时排水。

病叶初期受害症状

2）药剂防治。定植前可用50%甲基托布津可湿性粉剂1000倍液浸苗5min，待药液晾干后栽植。用2%农抗120水剂200倍液，或70%甲基托布津可湿性粉剂500倍液，或25%阿米西达悬浮剂1500倍液，或10%苯醚甲环唑（世高）水分散粒剂1500倍液，或32.5%阿米妙收悬浮剂1000倍液等，喷雾防治，连喷2~3次。

病叶后期受害症状

## ⑪ "V"形褐斑病

**危害与诊断：** "V"形褐斑病是草莓的主要病害之一，主要为害叶片，也危害花和果实。此病在老叶上起初为紫褐色小斑，逐渐扩大成褐色不规则形病斑，周围常有暗绿色或黄绿色晕圈。在幼叶上病斑常从叶顶部开始，沿中央主叶脉向叶基呈"V"字形或"U"字形发展，形成"V"形病斑。病斑为褐色，边缘为深褐色，一般一个叶片只有1个大斑，严重时从叶顶伸达叶柄，乃至全叶枯死。

**防治方法：**

1) 农业防治。栽植抗病品种；加强栽培管理，注意植株通风透光；不要偏施速效氮肥；适度灌水，促使植株生长健壮；及时摘除病、老、枯死叶片，集中深埋或烧毁。

形成的"V"形病斑

2）药剂防治。发病初期喷施 50% 甲基托布津可湿性粉剂 600~800 倍液，或 50% 多菌灵可湿性粉剂 600 倍液，或 40% 克菌丹可湿性粉剂 500 倍液，或 75% 百菌清可湿性粉剂 500~700 倍液，或 80% 代森锌可湿性粉剂 500~600 倍液，或 25% 阿米西达悬浮剂1500 倍液等喷雾防治，7~10 天喷 1 次，连喷2~3 次，农药可交替使用。

全叶枯死

# ⑫ 蛇眼病

**危害与诊断**：蛇眼病主要为害叶片，大多发生在老叶上。叶上病斑初期为暗紫红色小斑点，随后扩大成 2~5mm 大小的圆形病斑，边缘为紫红色，中心部为灰白色至灰褐色，略有细轮纹，酷似蛇眼，故叫蛇眼病或白斑病。病斑发生多时，常融合成大型斑。

形成灰白色蛇眼状斑点

**防治方法：**

1）农业防治。选用抗病品种；加强栽培管理，定植时淘汰病苗，采收后及时清理田园，摘除病、老、枯死叶片，集中深埋或烧毁；多施有机肥，不单施速效氮肥；适度灌水，忌猛水漫灌。

2）药剂防治。发病初期喷淋 70% 代森锰锌可湿性粉剂 350 倍液，或 47% 加瑞农可湿性粉剂 500 倍液，或 75% 百菌清可湿性粉剂 500 倍液，或 80% 大生可湿性粉剂 600 倍液，或 40% 福星乳油 5000 倍液，或 70% 甲基托布津可湿性粉剂 600 倍液等。采收前 3 天停止用药。保护地栽培每亩可用 5% 百菌清粉尘剂或 5% 加瑞农粉尘剂 1 kg 喷粉防治，10 天喷 1 次，共喷 2~3 次。

## ⑬ 草莓绿瓣病

**危害与诊断：**草莓绿瓣病是草莓的一种毁灭性病害，受害株果实全部丧失商品价值。在草莓上，病株的主要症状是花瓣变为绿色或变为小叶，并且几片花瓣常连生在一起，变绿的花瓣后期变红。浆果瘦小呈尖锥形，花托延长，基部扩大并变为红色。叶片边缘失绿或变黄，叶柄短缩，植株严重矮化，呈丛簇状。病株在仲夏往往衰萎和枯死，但有些病株还能暂时回复正常，有的病株花部全都变为叶片。

**防治方法：**

1）防治传毒叶蝉。在草莓生长季节定期喷布杀虫剂防治叶蝉。

2）抗生素的使用，草莓绿瓣病的病原为类菌原体，对四环素敏感，植株刚感染

感病后花瓣变为绿色

绿瓣病时，根部浸泡或叶面喷施四环素液，病株可不同程度地康复。

　　3）培育和栽植无病种苗。无病种苗尽可能种植在远离草莓种植的地方。

　　4）植株检疫。草莓绿瓣病及其他类菌原体病害在草莓上常造成毁灭性危害。这些病害仅在局部地区发生，因此，从发病区引种时，一定要严格进行检疫，一旦发现就应立即销毁，杜绝传入。

感病后出现绿色瘦果症状

## ⓮ 草莓细菌性叶斑病

**危害与诊断：** 主要为害叶片。初侵染时在叶片下表面出现水浸状红褐色不规则形病斑，病斑扩大时受细小叶脉所限，形成角形叶斑。照光后病斑呈透明状。病斑逐渐扩大后融合成一片，渐变为浅红褐色而干枯。严重时植株生长点变黑而枯死。

**防治方法：**

1）农业防治。通过检疫，防止病害传播蔓延；清除枯枝病叶，集中深埋或烧毁，以减少病原；减少人为伤口，及时防治虫害；加强土肥水管理，提高植株抗病能力；苗期小水勤浇，降低土温，雨后及时排水，防止土壤过湿。

2）药剂防治。定植前进行土壤消毒；发病初期用2%农

红褐色不规则形病斑

抗 120 水剂 200 倍液，或 72% 农用硫酸链霉素可湿性粉剂 3000~4000 倍液，或 30% 碱式硫酸铜悬浮剂 500 倍液，或 1% 新植霉素可湿性粉剂 3000~5000 倍液，或 2% 春雷霉素水剂 400~500 倍液，或 2% 武夷霉素水剂 150~200 倍液喷雾，隔 7~10 天喷 1 次，连续防治 3~4 次。采收前 7 天停止用药。

叶片发病后干缩破碎

## ⑮ 草莓病毒病

**危害与诊断：** 草莓病毒病是指由不同病毒侵染草莓后所引起的病害的总称，是草莓生产中的主要病害。能侵染草莓的病毒种类很多，目前已知草莓生产上造成损失的病毒主要有草莓斑驳病毒、草莓轻型黄边病毒、草莓镶脉病毒、草

植株及叶片感染病毒病症状

莓皱缩病毒。病毒具有潜伏侵染的特性,大多病症不显著,在植株上不能很快表现,故称为隐症。病毒病常见症状有矮化、花叶、黄化、坏死、畸形等。

**防治方法:**

1)农业防治。严格执行引种检疫和繁育制度;实行严格的隔离制度;培育抗病毒品种,选用抗病毒品种;应用脱毒种苗,增强植株抗病能力;加强叶面喷肥,增强植株长势,提高抗病性;及时防治蚜虫,蚜虫是传播多种病毒病的重要媒介,可利用银灰膜驱避蚜虫,或设置防蚜黄板诱蚜。加防虫网是设施草莓栽培中阻断传毒媒介的最有效措施。

2)化学防治。进行土壤消毒;用10%吡虫啉1000倍液,或25%阿克泰水分散粒剂3000~4000倍液,或10%抗虱丁可湿性粉剂1000倍液,或1.8%阿维菌素2000倍液,消灭传毒蚜虫,可减轻该病危害。定植早期,喷施1.5%植病灵1000倍液,或30%病毒星可湿性粉剂400倍液,对病毒病有一定的抑制作用。

## 16 草莓线虫病

**危害与诊断:** 线虫为害使草莓的生命力降低,易受真菌、细菌等病原物的侵染,部分线虫还可以传播病毒,为害草莓的线虫主要有芽线虫、根腐线虫、根结线虫和茎线虫。芽线虫主要为害嫩芽,嫩芽受害后新叶扭曲,严重时芽和叶柄变成红色;花芽受害导致花蕾、萼片及花瓣畸形,后期苗心腐烂。根腐线虫在根部侵染,到一

草莓线虫为害症状

定程度时根系上形成许多大小不等的近似瘤状的根结。根结线虫为害,导致草莓根系不发达,植株矮小,须根变褐,最后腐烂脱落。茎线虫为害可引起草莓叶柄隆起,叶片扭曲变形,花和果实形成虫瘿,植株矮化。

**防治方法:** 杜绝虫源,选择无线虫为害的秧苗,在育苗期发现线虫为害的植株及时拔除,并进行防治;轮作换茬,草莓种植 1~2 年后,改种抗线虫的作物,5 年后再种植草莓;利用太阳能高温处理土壤以消灭线虫;可用 1.8% 阿维菌素乳油 3000~4000 倍,或 50% 辛硫磷乳油 500~1000 倍液防治。

# 二、非生物性病害

## 1 高温日灼

**症状识别：** 草莓高温日灼是草莓生产中常见的生理病害之一，发生于中心嫩叶初展或未展时，叶缘急性干枯死亡，干死部分为褐色或黑褐色。由于叶缘细胞死亡，而其他部分细胞迅速生长，因此受害叶片多数像翻转的酒杯或汤匙，

叶尖干死部分为褐色或黑褐色

受害叶片像翻转的酒杯或汤匙

受害叶片明显变小。植株成龄叶片受害后似开水烫伤状失绿、凋萎，呈茶褐色干枯，枯死斑色泽均匀，表面干净，轻时仅在叶缘锯齿部位发生，重时可使叶片大半枯死。果实成熟期遇中午高温时，因直接照射到强光而很干燥，果实表面的温度上升很快，果实阳面的部分组织失水而灼死，受害部位先是变白变软且呈烫伤状，后呈干瘪凹陷状，为浅褐色，失去商品价值。

受害轻时叶缘出现茶褐色干枯现象

受害严重时叶片大半枯死

**防治方法：**选择对高温干旱不敏感的品种；栽健壮秧苗，在土层深厚的田块种植，可利于草莓根系发育，高温干旱季节之前在根际适当培土保护根系；慎用赤霉素，特别是在高温干旱期，要少用赤霉素；根据天气干旱情况和土壤中的水分含量情况适时补充水分，不过量猛施肥料，施肥后要及时灌水；夏季高温季节注意遮阴防晒，减少日灼。

果实受害初期呈白色烫伤状

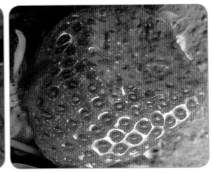

果实受害后期呈干瘪凹陷，浅褐色

## ② 低温危害

**症状识别**：冻害发生时，有的叶片部分冻死而干枯；有的花蕊和柱头受冻后柱头向上隆起干缩，花蕊变成黑褐色且死亡，花瓣变成红色或紫红色；幼果受冻时停止发育，变成暗红色，干枯且僵死，大果受冻后变褐。

叶片部分冻死而干枯

花蕊受冻后变为黑褐色且死亡

**防治方法：** 选用适宜的品种，适时定植；晚秋控制植株徒长，冬前浇冻水，越冬及时覆盖防寒物；早春不要过早去除覆盖物，在初花期于寒流来临之前要及时加盖地膜防寒；冷空气来临前为园地灌水，增加土壤湿度，提高抗寒能力；及时对叶片喷施 1.8% 复硝酚钠水剂 3000~5000 倍液；保护地栽培应进行人工加温。

花瓣受冻后变为红色

幼果受冻后变为暗红，干枯且僵死

大果受冻后果肉变褐

**3** 畸形果

**症状识别**：果实过肥或过瘦，或出现鸡冠状果、指头果、双头果、多头果，或出现果面凹凸不平整及奇形怪状等形状，均称为畸形果。

**防治方法**：选用畸形果少的品种；配置授粉品种 10%~20%；合理调控棚室内的温度和湿度，通过适时放风，白天应控制在 22~28℃，夜间保持在 5℃以上，

鸡冠状果

指头果

多头果

以 30%~50% 的湿度为宜；疏花疏果，疏除易出现雌性不育的高级次花，摘除病果和过多的幼果；减少用药次数，尽量不用或少用农药，若需使用药剂防治，一定要避开花期；合理施肥；重视有机肥作为基肥，控制氮肥用量，补施磷、钾肥和微量元素肥料；合理密植，加强植株管理，注意通风透光。

果面凹凸不平整

乱形果

## ❹ 生理性白化叶

**症状识别：** 感病株叶片上出现不规则、大小不等的白色斑纹或斑块；白斑或白纹部分包括叶脉完全失绿，但细胞完全存活。感病的叶片、花蕾和萼片都表现出失绿。重病株矮小，叶片的光合能力下降或基本丧失。

**防治方法：** 发现病株立即拔除，不能作为母株繁苗使用；不栽病苗，选用抗病品种。

叶片受害症状

萼片受害症状

## ⑤ 草莓生理性白果

**症状识别**：浆果成熟期褪绿后不能正常着色，全部或部分果面变为白色或浅黄白色，界限鲜明，白色部分种子周围常有一圈红色；病果味淡、质软，果肉成杂色、粉红色或白色，很快腐败。

**防治方法**：多施有机肥和完全肥，不过多偏施氮肥；选用适合当地生长的品种和含糖量较高的品种；采用保护地栽培，适当调控温湿度。

果实部分变为白色

白化果腐败

## 6 盐害

**症状识别：** 叶边缘和叶尖烧伤常作为盐害的最明显指标，盐分积累常会抑制生长势，引起植株生长缓慢、矮化且可以引起植株死亡。相比阴冷天气，在干热天气中叶片烧伤通常会更严重，幼苗很难发根且须根少，受盐害的根会增粗。

**防治方法：**

1）轮作倒茬。实行不同作物间的合理轮作，特别是水地与旱地作物轮作。轮作可以调节地力，提高肥效，改善土壤的理化性能。

2）改良土壤。改变土壤盐渍化的最有效的方法是改良土壤。盐渍化导致土壤板结和生理性病害加重。增

叶片受盐害症状

施有机肥，测土配方施肥，尽量不用会使土壤盐分浓度升高的化肥。氮肥过量的地块应增施钾肥和动力生物菌肥，以求改变土壤的通气状况和盐性环境。重症地块灌水洗盐，泡田以淋失盐分。及时补充流失的钙、镁等微量元素。多使用有机肥或秸秆等，以改善土壤结构。

盐害加重时叶片受害症状

## ❼ 除草剂危害

**症状识别：**除草剂种类繁多，在施用过程中如果选用不当、施用浓度不合适或重复喷药等都会产生药害。例如，草莓园施用西玛津、阿特拉津等三氮苯类除草剂能引起草莓药害，前茬施用药害主要表现为草莓叶片黄化、上卷或扭曲，重时叶片呈灼烧状枯萎。部分除草剂引起药害后会使草莓成龄叶片变为黑绿色，并出

施用除草剂后植株的受害症状

现黑褐色点或片，叶片变得干、硬、脆，幼叶尖部失绿，变为黑褐色，严重影响植株的生长发育。

**防治方法：**草莓与其他作物间作、套作、轮作时，施用的除草剂必须对草莓无害。为了保护草莓不受除草剂的伤害，通常采用吸附物质，如先在草莓根部裹一层活性炭，然后再栽种到已施过除草剂的土壤中；或者在草莓栽植后不久，在出芽前，先

施用除草剂后根系的生长状况

在草莓行带上施活性炭，再施用土壤除草剂。施用充分腐熟的农家肥也有类似的效果。

## 8 激素药害

**症状识别：** 草莓设施栽培中有的喷赤霉素过量致使叶柄特别是花茎徒长，从而导致花小、果小，严重影响产量。喷施三唑类药物，如多效唑过量会导致植株过于矮化、紧缩等。

**防治方法：** 严格掌握激素的使用适期、使用浓度、用药量和使用次数。

赤霉素施用过量而使花茎徒长

多效唑施用过量的症状

## ❾ 缺磷症

**症状识别：** 草莓缺磷时，植株生长弱，发育缓慢，叶色带青铜暗绿色。缺磷的最初表现是叶子为深绿色，比正常叶小，缺磷加重时，有些品种的上部叶片外观为黑色，具有光泽，下部叶片为浅红色至紫色，近叶缘的叶面上呈现紫褐色的斑点。较老叶龄的上部叶片也有这种特征。缺磷植株的花和果比正常植株要小，有的果实偶尔有白化现象。根部生长正常，但根量少，颜色较深。缺磷草莓的植株顶端受阻，明显比根部发育慢。

**防治方法：** 在草莓栽植时，每亩施过磷酸钙 100 kg，随农家肥一起施；植株开始出现缺磷症状时，每亩喷施 1%~3% 过磷酸钙澄清液 50 kg，或在叶面喷布 0.3% 磷酸二氢钾 2~3 次。

缺磷加重时叶片呈黑色，下部叶片为浅红色至紫色

# ⑩ 缺氮症

**症状识别**：缺氮症状通常先从老叶开始，逐渐扩展到幼叶。一般刚开始缺氮时，特别是在生长盛期，成龄叶子逐渐由绿色向浅绿色转变，随着缺氮的加重，叶片变为黄色，局部枯焦。幼叶或未成熟的叶子，随着缺氮程度的加剧，叶片反而更绿，但叶片细小、直立。老叶的叶柄和花萼则为微红色，叶色较浅或呈锯齿状且为亮红色。果实常因缺氮而变小。根系色白而细长，须根量少，后期根停止生长，为褐色。轻微缺氮时，在田

叶片开始缺氮时的症状

间往往看不出来，并能自然恢复。

**防治方法：**施足底肥，以满足草莓生长发育的需要；发现缺氮，每亩可土施硝酸铵 11.5kg，施后立即灌水，效果明显；也可在开花前喷 0.3%~0.5% 尿素 1~2 次；深施氮肥，肥效持久，可防止氮肥损失，克服表施氮肥造成前期徒长而后期缺肥早衰的缺点；氮肥和其他肥料配合使用，可提高土壤氮素肥力，可保证高产稳产。

叶片缺氮严重时的症状

## ⑪ 缺钙症

**症状识别：** 草莓缺钙最典型的是叶焦病、硬果、根尖生长受阻和生长点受害。叶焦病在叶子加速生长期频繁出现，其特征是叶片皱缩，出现皱纹，叶片顶部干枯且变为黑色。缺钙多在现蕾期发生，幼嫩小叶及花萼尖端为黑褐色且干枯。缺钙浆果表面有密集的种子覆盖；在未膨大的果实上，种子可布满整个果面；果实组织变硬、味酸。缺钙草莓的根短粗、色暗，以后为浅黑色。在较老叶片上的症状表现为叶色由浅绿色至黄色，逐渐发生褐变，并且干枯。

**防治方法：** 选用对缺钙不敏感的品种；因土壤偏酸

叶片顶部干枯、变为黑褐色并皱缩

缺钙时，最好在栽植前向土壤增施石膏，视缺钙程度而确定使用量，一般每亩施用量为52.5 kg。石膏如果用于追肥施用，则应减少用量；田间出现症状时，在叶面喷施0.3% 氯化钙水溶液，可减轻缺钙现象；应及时浇水，保证水分供应，防止土壤干旱。

花萼变为黑褐色且干枯

## ⑫ 缺铁症

**症状识别：** 缺铁的最初症状是幼龄叶片黄化或失绿，但这还不能肯定是缺铁，当黄化程度发展进而变白，发白的叶片组织出现褐色污斑时，则可断定为缺铁。草莓中度缺铁时，叶脉为绿色，叶脉间为黄白色，叶脉转绿复原现象可作为缺铁的特征。严重缺铁时新成熟的小叶变白，叶子边缘坏死，或者小叶黄化（仅叶脉为绿色），叶子边缘和叶脉间变褐且坏死。

**防治方法：** 防止缺铁可在栽植草莓时土施硫酸亚铁或螯合铁，或用0.1%~0.5%硫酸亚铁水溶液叶面喷洒。不在盐碱地栽植草莓，若需

缺铁时幼龄叶片黄化失绿

栽植，土壤的pH调节到6~6.5较适宜，这时不应再施用大量的碱性肥料，若土壤为强碱性，可每亩施硫酸粉13~20kg。深耕土壤，适时灌水，保持土壤湿润，并注意雨后及时排水。

叶片黄化变白　　　　　　　　　　　缺铁严重时叶片边缘坏死

## ⓭ 缺钾症

**症状识别：** 草莓开始缺钾的症状常发生在新成熟的上部叶片，叶边缘出现黑色、褐色和干枯，继而发展为灼伤状，还可在大多数叶片的叶脉之间向中心发展，叶片上出现褐色小斑点，几乎同时从叶片到叶柄发暗或干枯坏死，这是草莓特有的缺钾症状。草莓缺钾，较老的叶子受害重，幼嫩叶子不显示症状，灼伤的叶片的叶柄常发展成浅棕色至暗棕色，有轻度损害，以后逐渐凋萎。轻度缺钾可自然恢复。

**防治方法：** 施用充足的堆肥或厩肥等有机肥料可减轻缺钾症状；严重缺钾的土壤，增施硫酸钾或氯化钾型复合肥，每亩施硫酸钾6.5 kg左右；草莓出现缺钾症状时，可在叶面喷布0.3%磷酸二氢钾溶液2~3次。

叶片边缘出现黑褐色干枯

叶片受害严重时发展为灼伤状

## 14 缺锌症

**症状识别：** 轻微缺锌的草莓植株一般不表现症状。缺锌加重时，较老的叶片会出现变窄现象，特别是基部叶片，缺锌越重则窄叶部分越伸长，但缺锌不发生坏死现象，这是缺锌的特有症状。缺锌植株在叶龄大的叶片上往往出现叶脉和叶子表面组织发红的症状。严重缺锌时，新叶黄化，但叶脉仍保持绿色或微红，叶片边缘有明显的黄色或浅绿色的锯齿形边。

**防治方法：** 增施有机肥，改良土壤；在叶面喷布 0.1% 硫酸锌溶液，或螯合态的锌。

缺锌叶片表现的症状

**⑮ 缺硼症**

**症状识别：** 草莓早期缺硼的症状最先出现在幼龄叶片，受害植株的叶片出现不对称、皱缩，叶片边缘为黄色且焦枯，生长点受伤害；根系短粗、色暗。随着缺硼的加剧，老叶的叶脉间有的失绿，有的叶片向上卷。缺硼植株的花小，授粉和结实率降低，果小，果实畸形或呈瘤状。种子多，有的果顶与萼片之间

缺硼叶边焦枯

露出白色果肉，果实品质差，严重影响产量与质量。

**防治方法：**适时浇水，提高土壤中可溶性硼的含量，以利于植株吸收；缺硼的草莓可向叶面喷施硼肥，一般用 0.15% 硼砂溶液进行叶面喷洒，由于草莓对过量硼比较敏感，所以，花期喷施时浓度应适当减小；严重缺硼的土壤，应在草莓栽植前后土施硼肥，每米栽植行施 1 g 硼肥即可。

缺硼果实呈瘤状

## ⑯ 缺锰症

**症状识别：** 缺锰的初期症状是新生叶片黄化，这与缺铁、缺硫、缺钼时全叶呈浅绿色的症状相似。缺锰进一步发展，则叶片变黄，有清楚的网状叶脉和小圆点，这是缺锰的独特症状。缺锰加重时，主要叶脉保持暗绿色，而叶脉之

缺锰叶片初期症状

叶片变黄，有网状叶脉

间变成黄色，有灼伤，叶片边缘向上卷。灼伤会呈连贯的放射状横过叶脉而扩大。缺锰植株的果实较小，但对品质无影响。

**防治方法：** 在草莓定植时土施硫酸锰，每米栽植行施 1~2g；或出现缺锰症状时，叶面喷施 80~160mg/L 的硫酸锰水溶液，但在开花或大量坐果时不喷。

叶脉暗绿色，叶脉间为黄色

缺锰严重时叶缘上卷，有灼伤

# ⑰ 缺硫症

**症状识别**：缺硫与缺氮的症状差别很少。缺硫时叶片均匀地由绿色转为浅绿色，最终变为黄色。缺氮时较老的叶片和叶柄发展为微黄色的特征，而较幼小的叶片实际上随着缺氮的加强而呈现绿色。相反地，缺硫植株的所有叶子都趋向于一直保持黄色。缺硫的草莓浆果有所变小，其他无影响。

**防治方法**：对缺硫的草莓园施用石膏或硫黄粉即可。一般可结合施基肥每亩增施石膏 37~74kg，硫黄粉施用量为每亩 1~2kg，或栽植前每米栽植行施石膏 65~130g。施硫酸盐一类的化肥，硫也能得到一定的补充。

缺硫时叶片呈浅绿色

缺硫叶片进一步变为黄色

# 三、主要虫害及防治

## （一）地上主要虫害及防治

### ❶ 草莓根蚜

**危害识别**：草莓根蚜主要群集在草莓根茎处的心叶及基部刺吸汁液，致使植株生长不良，新叶生长受抑制，严重时整株可枯死。嫩根被害后，造成地上部植株生长不良，叶片稀疏，皱缩卷曲变形。

**防治方法**：5~6 月，在叶、花蕾、根茎处为害时喷洒 10% 吡虫啉可湿性粉剂或 50% 马拉硫磷乳油 1500 倍液，或 50% 辟蚜威 2500 倍液，或 50% 杀螟硫磷乳油 800 倍液，或 2.5% 溴氰菊酯乳油 3000 倍液防治。在温室大棚中可用蚜虫净烟熏剂熏蒸防治。采收前 10 天停止用药。

草莓根蚜为害植株症状

## ❷ 桃蚜

**危害识别：** 桃蚜在草莓吐蕾花序始发期大批迁入草莓田，群聚花序和嫩叶、嫩心和幼嫩花蕾上繁殖取食，刺吸汁液造成嫩头萎缩，嫩叶卷曲皱缩、畸形，不能正常展叶，并可传播病毒，危害严重。蚜虫分泌蜜露污染叶片导致煤污病的发生。

**防治方法：** 保护利用天敌，主要天敌有食蚜蝇、异色瓢虫、草青蛉及蚜茧蜂等都能扑食或寄生大量蚜虫；在成虫发生期，可挂置黄板诱捕成虫，每亩悬挂 24cm×30cm 的黄板 20 块；可用 40% 乐果乳剂 1000 倍液，或 50% 敌敌畏乳剂 1000 倍液，或 50% 杀螟硫磷乳

桃蚜为害植株症状

油 800~1000 倍液，或 50% 抗蚜威可湿性粉剂 2500 倍液，或 25% 溴氰菊酯乳油 3000 倍液，或 10% 吡虫啉可湿性粉剂 1500 倍液喷雾防治，在温室大棚中可用蚜虫净烟熏剂熏蒸防治。采收前 10 天停止用药。

蚜虫为害叶片导致煤污病的发生

## ③ 粉虱

**危害识别：** 目前常见的粉虱有白粉虱和烟粉虱。白粉虱成虫体长1~1.5mm，翅面覆盖白蜡粉，停息时双翅合拢呈屋脊状，形如蛾子，翅端呈半圆状。烟粉虱和白粉虱的形态相似，个体略小。烟粉虱的寄主范围广，传染病毒的能力强。大量的成虫和若虫群集于叶背，刺吸汁液，使叶片生长受阻而变黄，影响植株的正常生长发育。由于成虫和若虫还能分泌大量蜜露，堆积于叶面和果实上，

粉虱成虫

往往引起煤污病的发生，严重影响叶片的光合作用和呼吸作用，造成叶片萎蔫，甚至导致植株枯死。

**防治方法：**清除前茬作物的残株和杂草，及时清理温室周围的残枝败叶及杂草，摘除的病老残叶应及时深埋处理；人工释放丽蚜小蜂成虫，在温室内的白粉虱若虫或成虫每株达到 0.2 只时，每 5 天人工释放丽蚜小蜂成虫，每株 3 只，连放 3 次，可有效控制白粉虱造成的危害；悬挂黄板；定植后发生白粉虱可用 10% 吡虫啉可湿性粉剂 1000~1500 倍液，或 25% 阿克泰水分散粒剂 5000~7500 倍液，或 25% 噻嗪酮可湿性粉剂 2000~3000 倍液，或 21% 灭杀毙 4000 倍液，或 2.5% 天王星乳油 3000 倍液，或 2.5% 功夫乳油 4000 倍液，或 20% 灭扫利乳油 2000 倍液喷洒，均有较好的防治效果。

## ④ 螨类

**危害识别：** 螨类俗称红蜘蛛，是蛛形纲害虫，为害植物的叶、茎、花等。刺吸植物的茎叶时，初期叶正面有大量针尖大小失绿的黄褐色小点，后期叶片从下往上大量失绿、卷缩、脱落，造成大量落叶。有时从植株中部叶片开始发生，叶片逐渐变黄。部分螨类喜群集叶背主脉附近并吐丝结网于网下为害，有吐丝下垂借风力扩散传播的习性，严重时叶片枯焦并脱落，植株如火烧状。为害草

螨类吐丝结网为害

螨类群居为害

莓的红蜘蛛有多种，其中以二斑叶螨和朱砂叶螨危害严重。二斑叶螨为蜡污白色，体背两侧各有 1 个明显的深褐色斑，幼螨和若螨也为污白色，越冬型成螨体色变为浅橘黄色。朱砂叶螨成螨为深红色或锈红色，体背两侧各有 1 个黑斑。

**防治方法：**及时摘除越冬的病老残叶，清理田园，减少叶螨寄生植物；释放捕食螨捕杀叶螨；当叶螨在田间普遍发生，天敌不能有效控制时，应选用对天敌杀伤力小的选择性杀螨剂进行普治，注意减少化学农药的用量，防止杀伤叶螨的天敌；在早春叶螨数量少，气温较低时，宜选择不受气温影响的卵、螨兼治型的持效期较长的杀螨剂，如 5% 噻螨酮乳油1500 倍液或 20% 螨死净可湿性粉剂 2000 倍

受害植株如火烧状、矮化

液等，这种药剂持效期长，虽不杀成螨，但使着药的成螨产的卵不孵化；当叶螨数量多时，可使用1.8%阿维菌素乳油6000~8000倍液或73%克螨特乳油2000~3000倍液等，阿维菌素速效性好，但持效期较短，一般在喷药后2周需再喷1次。采果前15天停止用药，并注意经常更换农药品种，防止产生抗药性。在温室草莓现蕾或开花后发现螨类，可用30%虫螨净烟熏剂进行熏蒸防治。

单株受害症状

**⑤ 草莓蓝跳甲**

**危害识别：** 草莓蓝跳甲成虫和幼虫食害草莓的嫩心、嫩叶，将嫩叶吃成孔洞，在叶背剥食叶肉，发生危害期较长，对草莓生长有一定的影响。

**防治方法：** 注意保护和利用天敌，其天敌主要有草蛉、蓝蝽、瓢虫、白僵菌等；清理田园，在草莓生长期及时摘除老叶以消灭卵块和幼虫；选用 80% 敌敌畏乳油 1000 倍液、90% 晶体敌百虫 800~1000 倍液、2.5% 溴氰菊酯乳油 2000 倍液喷雾防治。

草莓蓝跳甲成虫

### ⑥ 蓟马

**危害识别**：蓟马种类繁多，但其为害特点基本相同。成虫、若虫多隐藏于花内或植物幼嫩组织部位，以锉吸式口器锉伤花器或嫩叶等植物组织。蓟马喜欢温暖、干旱的天气，其生存的适宜温度为 23~28℃，适宜湿度为 40%~70%，主要为害花及幼果，影响花芽分化，致使果实畸形；影响坐果，降低果实产量

蓟马为害幼果的初期症状

及品质。花受害时，花瓣呈褐色水锈状，萼片背面有褐色斑，后期整个花器变褐、干枯，萼片从尖部向下呈褐色坏死。幼果受害时，果实粗糙，果尖呈水锈状，后期幼果呈黑褐色、僵死。

**防治方法：** 及时清除病残花及病残果，有效控制蓟马种群的数量；加强肥水管理，提升植株抵抗力；利用蓟马趋蓝色的习性，设置蓝板诱杀成虫；可用 2.5% 多杀菌素悬浮剂 1000~1500 倍液或 5% 啶虫脒可湿性粉剂 2500 倍液，叶面喷雾防治，7~10 天施用 1 次，连喷 2~3 次。

蓟马为害果实的后期症状

**7** 金龟子

**危害识别：** 为害草莓的金龟子种类很多，主要有苹毛丽金龟、小青花金龟、黑绒金龟等。金龟子主要在春季为害嫩叶、嫩芽、花蕾和花器等。

**防治方法：** 不施用未腐熟的有机肥；结合秋施肥进行秋深翻，人工捡拾或让鸡、鸭啄食蛴螬；合理灌水，对计划栽草莓的地块进行秋灌，可有效地减少

苹毛丽金龟成虫

小青花金龟成虫

苹毛丽金龟幼虫

土壤中蛴螬的发生数量；保护并利用土蜂、胡蜂、步行虫、白僵菌、青蛙等金龟子的天敌；由于成虫具有较强的趋光性、假死性、喜食嫩芽、嫩叶，可将杨、柳、榆嫩芽枝条蘸上80%敌百虫100倍液分插于草莓田诱杀及利用黑光灯诱杀、人工捕杀；可选用50%辛硫磷乳油或25%喹硫磷乳油1000倍液喷雾或灌杀；利用成虫入土的习性，可在草莓植株周围撒施5%辛硫磷颗粒剂灭杀。

小青花金龟幼虫

黑绒金龟交配

黑绒金龟啃食叶片

## ⑧ 蝽类

**危害识别：** 为害草莓的常见蝽类有茶翅蝽、麻皮蝽、苜蓿盲蝽等，蝽类昆虫有臭腺孔，能分泌臭液，在空气中形成臭气，所以又有臭板虫、臭大姐及放屁虫等俗名。蝽类多以针状口器刺吸草莓叶、叶柄、花蕾、花及果实汁液，造成死蕾、死花，果实生长局部受阻引起畸形果或腐烂。

**防治方法：** 在成虫越冬期进行人工捕捉，或者清除枯枝落叶和杂草，集中烧毁，可消灭越冬成虫；结合田间管理，摘除卵块和捕杀初孵群集若虫，并注意在

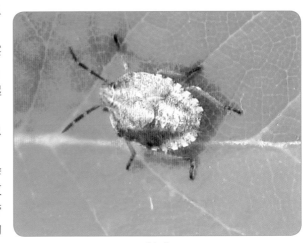

茶翅蝽

其他受害较重的寄主上同时防治；在越冬成虫出蛰结束和低龄若虫期喷 80% 敌百虫可溶性粉剂或 50% 辛硫磷乳油 1000 倍液，也可用 2.5% 敌杀死乳油或 2.5% 功夫乳油或 20% 灭扫利乳油 3000 倍液等，均有较好的防效。

麻皮蝽

点蜂缘蝽

## ⑨ 大造桥虫

**危害识别：** 大造桥虫行动和静止时身体中间常拱起，呈桥状，故称造桥虫。因虫体中间缺 1 对足，故以丈量和屈伸的样子移动，又称尺蠖和步曲。大造桥虫在草莓上主要食害叶片，初孵幼虫剥食正面叶肉，2 龄后即吃成缺刻和孔洞，中老龄幼虫可将全叶吃光，严重时仅剩主脉，也可食害花蕾、花和幼果。

**防治方法：** 保护和利用悬茧姬蜂、蜘蛛、寄生蝇、食虫蝽、鸟类

大造桥虫幼虫呈桥状

等天敌；实行冬耕灭蛹，减少越冬虫源；用黑光灯或高压汞灯诱杀成虫；选用90% 晶体敌百虫 1000 倍液，或 25% 亚胺硫磷乳油 3000 倍液，或 20% 杀灭菊酯乳油 1000~2000 倍液喷雾防治。

幼虫啃食叶片

## ⑩ 小家蚁

**危害识别：**小家蚁主要取食草莓成熟的浆果，起初取食形成较小的洞眼，随取食量的增加成为大坑，最后全果被食光。

**防治方法：**与水稻轮作，适时灌水，可抑制蚁害；适时采收成熟浆果，可明显减轻蚁害；发现小家蚁为害后，定期投放蚂蚁饵进行诱杀，如将灭蚁清药粉每包分成 3~4 份放置在小家蚁经过的地方，小

小家蚁

家蚁吃后 2~3 天就会互相传染以致全巢死亡， 每包 5g，每克可放 4~5 $m^2$，对蚂蚁多则酌情多放一些，每小包可消灭 1~2 个蚁巢；或者用 40% 乐果乳油 400 倍液或 50% 辛硫磷 1000 倍液灌蚁穴防蚁。

小家蚁咬食果实

# ⑪ 蛞蝓

**危害识别：** 蛞蝓主要有野蛞蝓、黄蛞蝓和网纹蛞蝓，为陆生软体动物，像没有壳的蜗牛，常在农田、菜窖、温室、草丛及住室附近的下水道等阴暗潮湿且多腐殖质的地方生活。保护地草莓栽培，由于温度和湿度适宜，利于该虫生存并大量繁殖。一般白天潜伏，晚上咬食草莓的幼芽、花蕾、花梗、嫩叶和果实等部位。咬食草莓果实后，常造成果实上有孔洞，影响商品价值。蛞蝓能分泌一种黏液，干后呈银白色，因此，凡被该虫爬过的果实，即使未被咬食，果面留有黏液，商品价值也大大降低。

**防治方法：** 清除地边田间及周边杂草、石块和杂物等可供蛞蝓栖息的场所；排干积水，耕翻晒地，降低土壤的湿度，防止过度潮湿，恶化蛞蝓的栖息场所；制造不利于蛞蝓发生的栽培条件；除草松土，使部分卵块暴露于日光下被晒裂或被天敌啄食；利用其在浇水后、雨

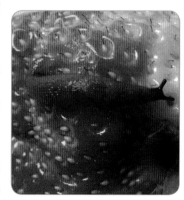

野蛞蝓为害果实

后、清晨、晚间、阴天爬出取食活动的习性，人工捕捉；也可于傍晚堆草或撒菜叶作为诱饵诱杀，次日清晨揭开草堆或菜叶捕杀；苗床或草莓行间于傍晚撒石灰或在危害区地面撒草木灰，蛞蝓爬过后粘有石灰或草木灰就会失水而死亡，阻止蛞蝓到畦面为害叶片；可用 40% 蛞蝓敌浓水剂 100 倍液，或 10% 硫特普加等量 50% 辛硫磷兑成 500 倍液，或灭蛭灵 800~1000 倍液等药剂喷雾，或用 6% 密达颗粒剂防治。

网纹蛞蝓

蛞蝓分泌黏液状

**⑫ 同型巴蜗牛**

**危害识别**：蜗牛体外贝壳质厚、坚实，呈扁球形。同型巴蜗牛分布广泛，以成体、幼体取食植物叶茎和果实，造成孔洞或缺刻。苗床种子萌发期和子叶期被害，造成毁种缺苗。

**防治方法**：草莓田覆盖地膜栽培可明显减轻危害；清洁田园，及时铲除田间、圩埂、沟边杂草，开沟降湿，中耕翻土，以恶化蜗牛生长、繁殖的环境；消灭成蜗，春末夏初，尤其在 5~6 月蜗牛繁殖高峰期之前，在未用农药时及时放养鸡、鸭来取食成蜗，或田间作业时见蜗拾蜗，或以杂草、树叶、菜等诱集后拾除等；每亩用生石灰 5~7 kg，于为害期撒施于沟边、地头或草莓行间，以

蜗牛为害叶片

驱避虫体，防止其为害幼苗；或每亩用 6% 密达杀螺粒剂 0.5~0.6 kg 或 3% 灭蜗灵颗粒剂 1.5~3.0 kg，拌干细土 10~15 kg，均匀撒施于田间，蜗牛喜欢栖息的沟边、湿地适当重施，以最大限度减轻危害。

蜗牛为害果实

## ⓭ 草莓镰翅小卷蛾

**危害识别：**草莓镰翅小卷蛾主要为害草莓、黑莓和月季等植物。幼虫在虫包内剥食叶肉，一生可食毁1~3片单叶。

**防治方法：**做好检疫，防止此虫传播蔓延；秋冬清洁田园，摘除虫包集中烧毁，减少越冬虫源；加强肥水管理，促进植株健壮生长，既利于增产，又能提高植株抗虫耐虫能力；于盛蛾盛孵期选用80%敌敌畏1000倍液、90%晶体敌百虫800倍液、20%甲氰菊酯乳油2000倍液喷雾防治。

草莓镰翅小卷蛾虫包

草莓镰翅小卷蛾成虫

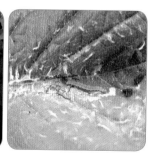
草莓镰翅小卷蛾幼虫啃食叶片

## ⑭ 棉双斜卷蛾

**危害识别：**此虫为害草莓、黑莓、苹果、棉花、苜蓿、大麻等果树和作物。其第 1 代幼虫常成批毁坏草莓和黑莓的嫩心与幼嫩花序而造成损失。幼虫孵化后居草莓嫩心间，缀疏丝连成松散虫包，食害嫩叶嫩心和幼蕾嫩花序，也可食害幼果。嫩叶展开后有不规则圆形洞孔，将蕾、花及幼果吃成洞孔或半残，并可食毁幼嫩花穗梗。

**防治方法：**结合田间管理捏杀虫包中幼虫；保护和利用天敌；选用 25% 杀虫双水剂 400 倍液、50% 杀螟松 1000~1500 倍液、80% 敌敌畏 1000~2000 倍液喷雾防治。

棉双斜卷蛾幼虫为害叶片

棉双斜卷蛾成虫

## ⑮ 红棕灰夜蛾

**危害识别:** 红棕灰夜蛾主要于春、秋两季食害草莓嫩心、嫩蕾、花序和幼果,春季危害严重。

**防治方法:** 摘除病老残叶扑杀幼虫;用晶体敌百虫 800 倍液或 20% 杀灭菊酯 3000 倍液喷雾防治,或用 80% 敌敌畏 100~150mL 兑细土 15kg 制成毒土,每亩 15kg 撒于株间熏杀。

红棕灰夜蛾幼虫

红棕灰夜蛾成虫

**⑯ 古毒蛾**

**危害识别：** 其幼虫主要食害草莓的嫩芽、幼叶和叶肉，将叶片食成缺刻和空洞，严重时把叶片食光。

**防治方法：** 在冬、春两季人工摘除卵块灭杀；保护和利用天敌，主要有小茧蜂、细蜂、姬蜂及寄生蝇等；利用黑光灯诱杀成虫；幼虫期喷药防治，发生初期喷洒 10% 吡虫啉可湿性粉剂 1500 倍液或 25% 功夫菊酯乳油 2000 倍液。

古毒蛾幼虫为害叶片

## ⑰ 短额负蝗

**危害识别：** 短额负蝗主要为害草莓叶片，其若虫只在叶的正面剥食叶肉，低龄若虫留下表皮，高龄若虫和成虫将叶片吃成孔洞或缺刻，似破布状，严重影响植株生长。

**防治方法：** 精耕细作，清除杂草。早春卵块孵化前及7月第2代卵孵化前与越冬卵产下后浅铲田埂消灭土下卵块；人工扑杀或放鸡啄食；可用辛硫磷等药剂防治。

短额负蝗啃食叶片

短额负蝗雄成虫

短额负蝗雌成虫

短额负蝗交尾状

## ⑱ 鸟害

**危害识别：** 为害草莓果实的鸟类很多，这些鸟类主要为害草莓成熟果实，特别是露地栽培的草莓。

**防治方法：** 露地草莓成熟期人为赶鸟，减少鸟害；采用视觉驱鸟装置，在地里插上稻草人或彩旗等装置把鸟吓走；采用防鸟网，防治鸟害。

露地草莓受鸟害症状

鸟为害果实症状

# （二）地下主要虫害及防治

## ❶ 蝼蛄

**危害识别:** 蝼蛄是一种重要的地下害虫,在我国主要有非洲蝼蛄和华北蝼蛄。蝼蛄食性很杂,以成虫、若虫咬断草莓幼根和嫩茎,造成死秧缺苗,咬断的部分呈乱麻状。由于蝼蛄的活动将表土层钻成许多隧道,使苗根脱离土壤,致使幼苗因失水而枯死,严重时造成缺苗断垄。在温室,由于气温高,蝼蛄活动早,加之幼苗集中,受害更重。

**防治方法**:施用充分腐熟的粪肥,减少产卵,可减轻危害;于蝼蛄发生期,在田间堆新鲜马粪堆,并在堆内放少量农药,招引蝼蛄,可将其杀死;蝼

蝼蛄若虫

蛄危害期，在田边利用电灯、黑光灯诱杀成虫，减少田间虫口密度；用 50% 乐果乳油或 90% 晶体敌百虫，拌碾碎并炒香的豆饼，每亩用药 0.1kg，加适量水，拌饵料 2.0~2.5kg，于傍晚施于苗穴中；或用 50% 乐果乳油 0.1kg，兑水 5kg，拌麦麸 30.0~50.0kg，撒于田间，防治效果也很理想。

蝼蛄成虫

植株受害症状

## ② 蛴螬

**危害识别：** 蛴螬是金龟子的幼虫，俗称地蚕，成虫通称为金龟甲或金龟子。我国为害草莓的主要有华北大黑鳃金龟、暗黑鳃金龟等多种金龟甲的幼虫。金龟子的成虫和幼虫均可为害草莓。成虫主要为害草莓叶片，一般发生较轻；幼虫（蛴螬）在地下取食根茎，轻者损伤根系，致使植株生长衰弱，严重的引起植株枯死。

**防治方法：** 不选种植过马铃薯、甘薯、花生、韭菜等的地块栽植草莓，这些地块蛴螬危害严重；对下年度计划栽培草莓的地块，结合秋施肥进行秋深翻，对翻出的蛴螬，人工捡拾；不施用未腐熟的有机肥；对计划栽草莓的地块进行秋灌，可有效减少土壤中蛴螬的发生数

蛴螬

量；可设置黑光灯诱杀成虫，减少蛴螬的发生数量；利用茶色食虫虻、金龟子黑土蜂、白僵菌等进行生物防治；用5%辛硫磷颗粒剂，每亩用药2.5~3.0kg，拌细土25.0~30.0kg制成毒土，顺垄撒施，浅锄覆土，对蛴螬、金针虫和蝼蛄等地下害虫有较好的防效；选用40%乐果乳油800倍液、25%增效喹硫磷乳油1000倍液、97%敌百虫可溶性粉剂1000倍液灌根，可毒杀幼虫。

根部被咬食症状　　　　　　　　　　根茎部被咬食症状

### ❸ 地老虎

**危害识别：** 我国常见的有小地老虎、黄地老虎和大地老虎，其中小地老虎和黄地老虎分布普遍。地老虎主要以幼虫为害草莓近地面茎顶端的嫩心、嫩叶柄、幼叶及幼嫩花序和成熟浆果。被害叶片呈半透明的白斑或小孔，3龄以后的幼虫白天潜伏在表土中，傍晚和夜间出来为害，常咬断根状茎，使整株萎蔫死亡，或取食叶片和果实，将果实食空。早晨检查，扒开被害株附近的土壤，可找到其幼虫。

**防治方法：** 秋耕冬灌，栽苗前认真翻地、整地，杂草是地老虎产卵的场所，也是幼虫向作物转移为害的桥梁，因此，应进行精耕细作，或在初龄幼虫期铲除杂草，可消灭部分成虫和卵；用糖、醋、酒诱杀液或甘薯、胡萝卜等发酵液诱杀成虫；用泡桐叶或莴苣叶诱捕幼虫，于每日清晨

小地老虎为害叶片

到田间捕捉；对高龄幼虫也可在清晨到田间检查，如果发现有断苗，拨开附近的土块，进行捕杀；幼虫 3 龄前通过喷雾、喷粉或撒毒土进行防治，喷雾防治时，每公顷可选用 2.5% 溴氰菊酯乳油或 40% 氯氰菊酯乳油 300~450mL，或 90% 晶体敌百虫 750g，兑水 750 L 喷雾；3 龄后，田间出现断苗，可用毒土、毒饵或毒草诱杀，毒土或毒沙选用 2.5% 溴氰菊酯乳油 90~100mL，或 50% 辛硫磷乳油 500mL 加水适量，喷拌细土 50kg 配成毒土，每公顷用 300~375kg 顺垄撒施于幼苗根际附近；毒饵诱杀可选用 90% 晶体敌百虫 0.5kg 或 50% 辛硫磷乳油 500mL，加水 2.5~5L，喷在 50kg 碾碎炒香的棉籽饼、豆饼或麦麸上，于傍晚在受害草莓行间每隔一定距离撒一小堆，或在草莓根际附近围施，每公顷用 75kg；毒草可用 90% 晶体敌百虫 0.5kg，拌铡碎的鲜草 75~100kg，每公顷用 225~300kg。

小地老虎为害果实

## ④ 金针虫

**危害识别：**为害草莓的金针虫主要有沟金针虫和细胸金针虫。在草莓生长期，金针虫先潜伏在草莓穴的有机肥内，后钻入草莓苗的根部或根茎部近地表蛀食，使草莓苗地上部分萎蔫并死亡。一般受害植株主根很少被咬断，被害部位不整齐，呈丝状，这是金针虫为害后造成的显著特征之一。果实成熟期，金针虫还能蛀入果实造成深洞伤口，有利于病原菌的侵入而引起腐烂。

**防治方法：**合理轮作，做好翻耕暴晒，减少越冬虫源；加强田间

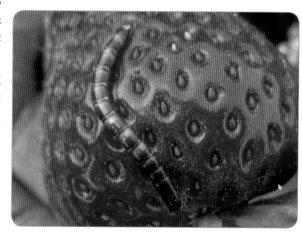

金针虫幼虫

管理，清除田间杂草，减少食物来源；利用金针虫的趋光性，在开始盛发和盛发期间在田间地头设置黑灯光，诱杀成虫，减少田间卵量；在田间堆积 10~15cm 的新鲜但略萎蔫的杂草，引诱成虫，诱捕后喷施 50% 乐果 1000 倍液等药剂进行毒杀；结合翻耕整地用药剂处理土壤，如用 50% 辛硫磷乳油 75mL 拌细土 2~3kg 撒施，施药后浅锄；

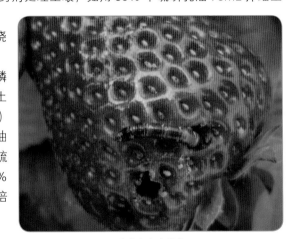

用 90% 敌百虫 800 倍液浇灌植株周围土壤进行防治；定植时每亩用 5% 辛硫磷颗粒剂 1.5~2.0kg 拌细干土 100kg 撒施在定植沟（穴）中；用 50% 丙溴磷乳油 1000 倍液，或 25% 亚胺硫磷乳油 800 倍液，或 48% 乐斯本乳油 1000~2000 倍液等药剂灌根防治。

金针虫为害果实

草莓常见病虫害发生规律
详情请扫码

ISBN: 978-7-111-55670-1
定价: 49.80 元

ISBN: 978-7-111-55397-7
定价: 29.80 元

ISBN: 978-7-111-46898-1
定价: 22.80 元

ISBN: 978-7-111-52107-5
定价: 25.00 元